·面积和周长·

懒惰哥哥和勤快弟弟

〔韩〕辛卿爱 / 著 〔韩〕元慧荣 / 绘 江凡 / 译

云南出版集团 晨光出版社

懒惰哥哥和勤快弟弟各自用草绳圈出了要种的地。

哥哥圈了一块长方形的地，弟弟圈了一块正方形的地。

比较一下，这两块地哪块地的周长更长？哪块地的面积更大呢？

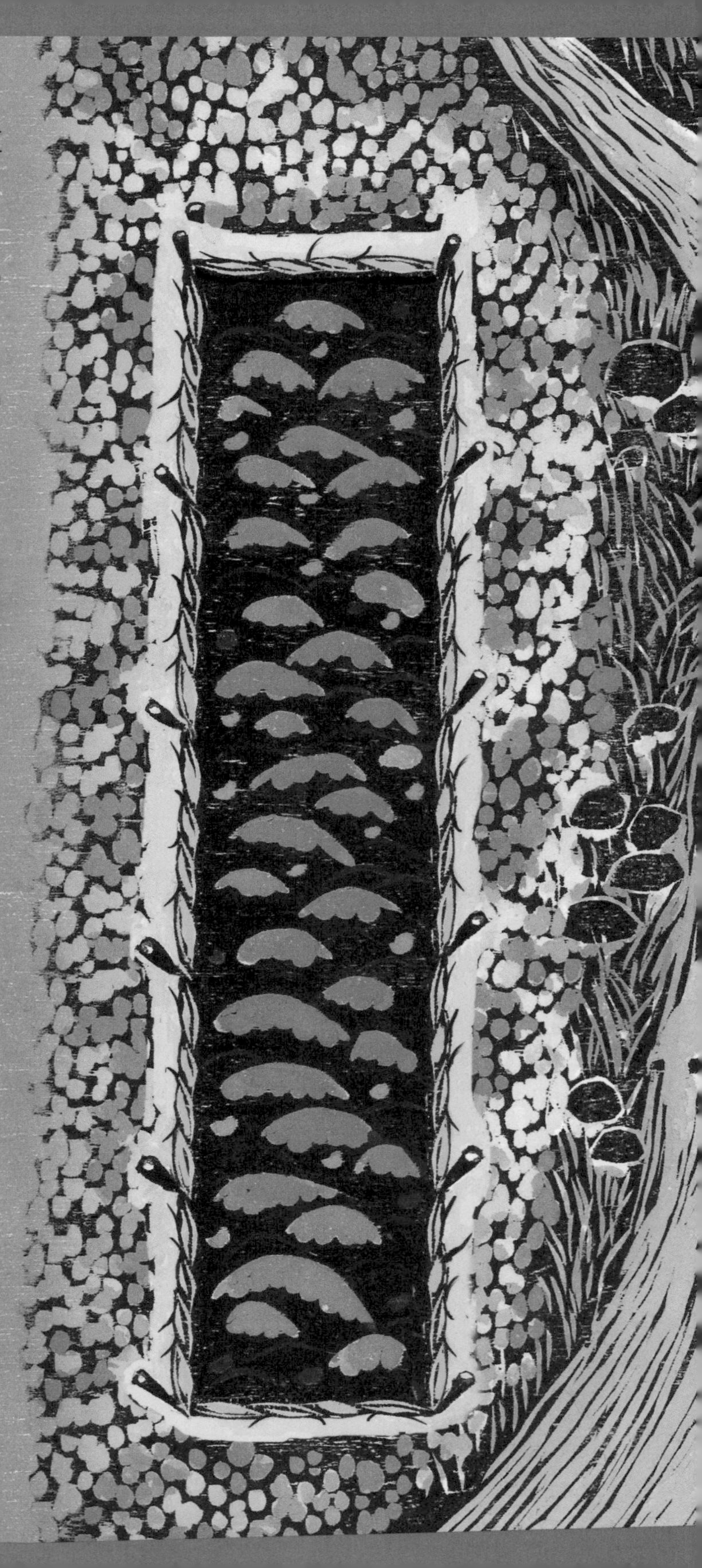

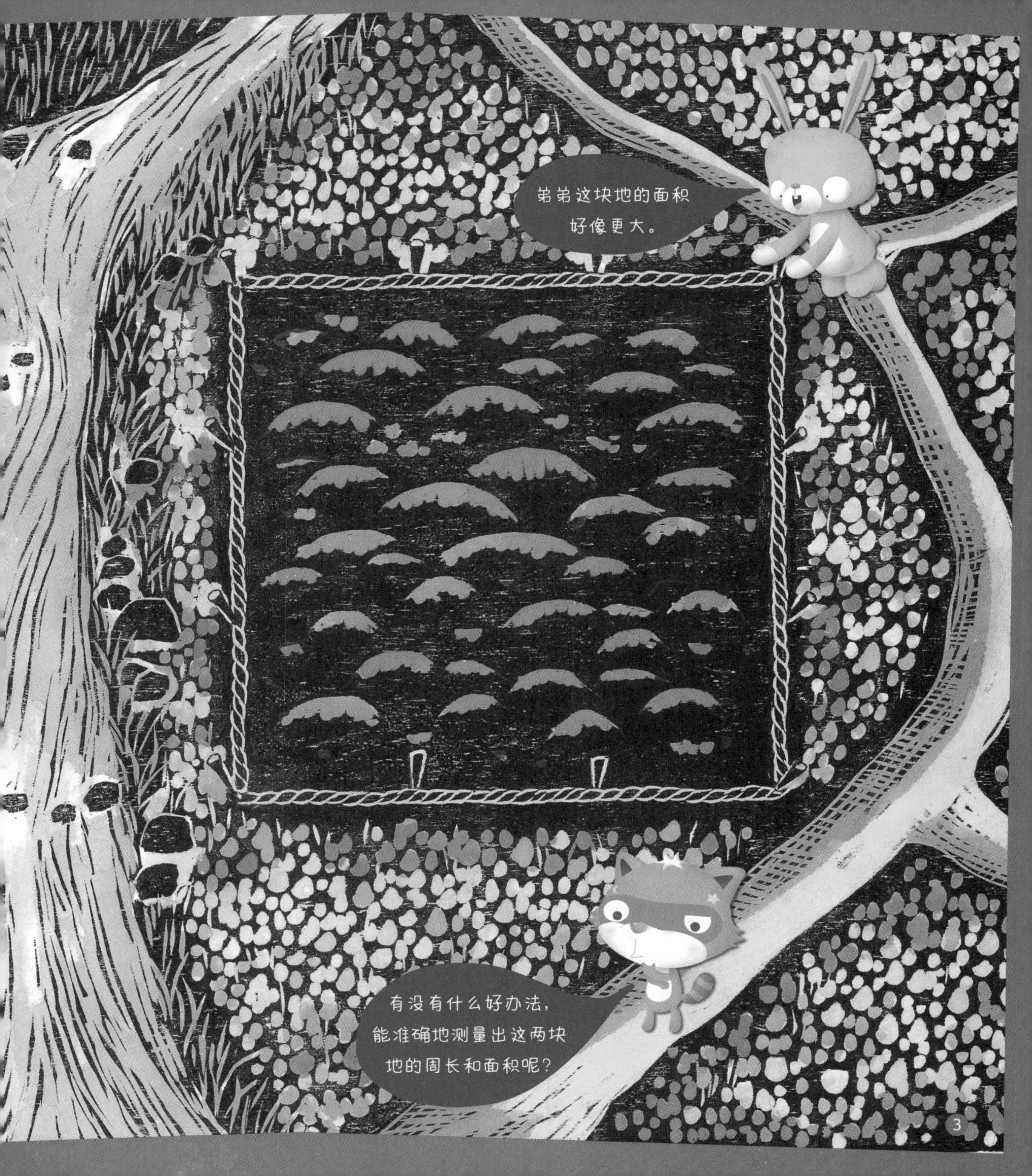
弟弟这块地的面积
好像更大。
有没有什么好办法，
能准确地测量出这两块
地的周长和面积呢？

从前，有一个村子里住着一户人家，家里一共有三口人，老父亲和他的两个儿子。

这天，哥哥像往常一样躺在屋外的廊檐下呼呼大睡，而弟弟很早就起来了，打扫完庭院就下地干活去了。

“唉，我这个懒惰的大儿子可怎么办才好呢？”

望着鼾声如雷的大儿子，老父亲不禁摇了摇头。

这天早上，凛冽的北风呼呼地刮着。

哥哥还在“呼噜呼噜”地睡懒觉，弟弟呢，很早就起来修理农具了。

老父亲突然想起了什么，开始往院子里不停地抱干稻草，越堆越高，像一座小山似的。

然后，他把两个儿子叫到跟前，对他们说：“春天到来之前，你们俩用这些干稻草搓草绳，每人各搓 12 根。每根草绳的长度都要像这口井的周长那么长。”

“突然搓什么草绳啊，到开春还早呢！”刚睡醒的哥哥什么都还没开始做，就嘟囔起来。

整个冬天，哥哥都在玩冰车。

而弟弟每天都在认真地搓草绳。

当雪融化的时候，弟弟终于搓好了 12 根草绳。

看见弟弟搓好的一大堆草绳，哥哥这才慌慌张张地开始搓起自己的草绳。但距离开春已经很近了，要搓出弟弟那样结实的草绳肯定是来不及了。

“父亲只说搓 12 根草绳，又没说必须要认真地搓……”哥哥敷衍了事地搓出了一堆稀疏松散的草绳。

“不错，你们俩都按照井的周长搓好草绳啦。”

虽然哥哥搓的草绳和弟弟搓的草绳一眼就能看出差别，但是，老父亲只是看了看草绳的长度，并没有多说什么。

“看吧，只有笨蛋才会老老实实地干活。”大儿子心想，“如果以后干活也像这次一样草草应付一下，就能天天玩啦。”

“好，现在你们拿上各自的草绳跟我来吧。”老父亲边说边往外走。

老父亲把两个儿子带到了田里，“今年你们自己来种地吧。到了秋天收获的时候，谁的收成好我就把这一整片田地交给他。”

哥哥一听这话不高兴了，“父亲，这片田地当然要留给我这个当哥哥的了。”

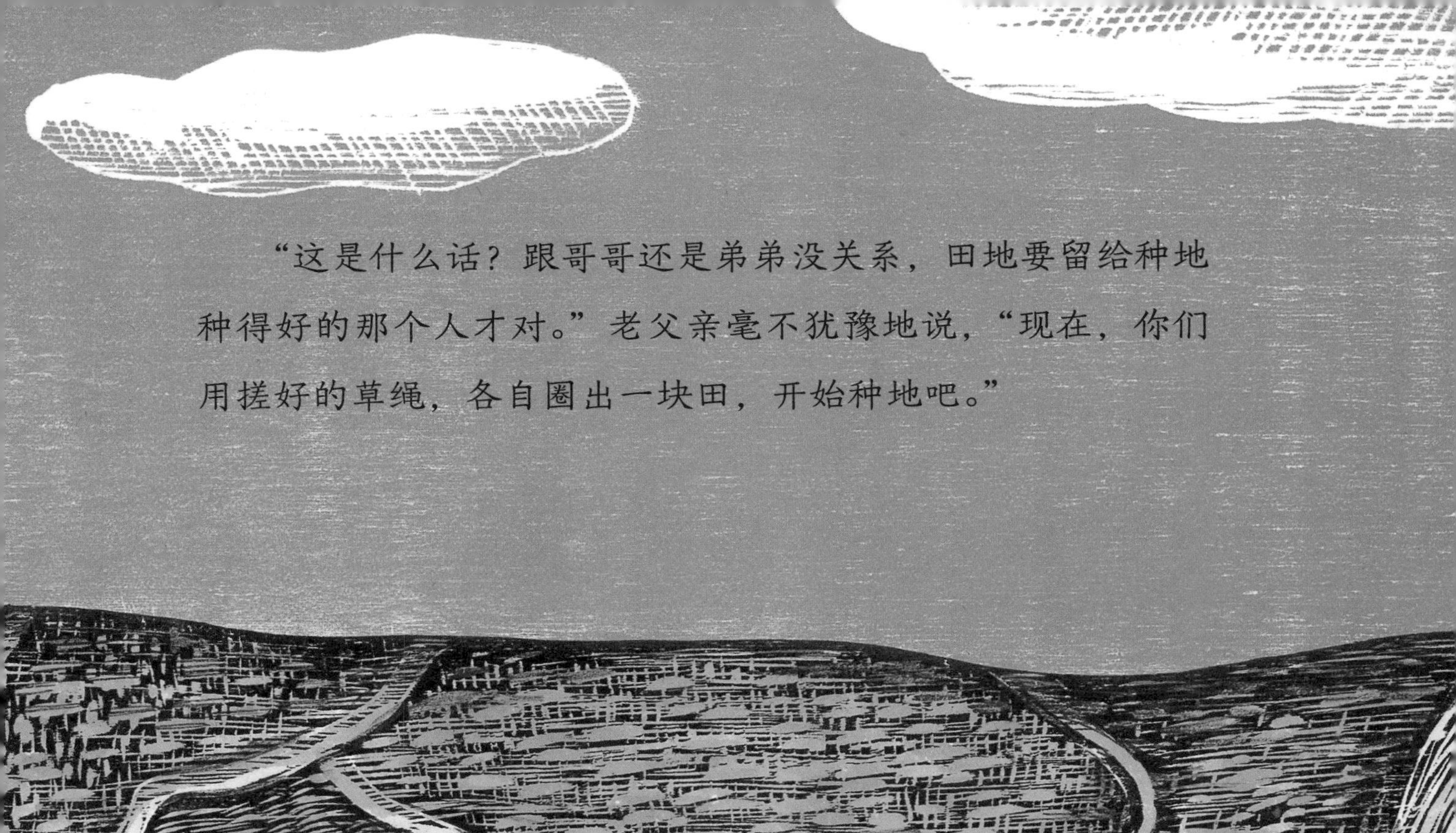

“这是什么话？跟哥哥还是弟弟没关系，田地要留给种地种得好的那个人才对。”老父亲毫不犹豫地说，“现在，你们用搓好的草绳，各自圈出一块田，开始种地吧。”

哥哥又在心里打起了小算盘，“种地就需要灌溉，如果每次都挑水，那多辛苦啊！如果我在小溪边圈一块地，那灌溉起来就省事多了！”

于是，哥哥跑到了小溪边，用草绳圈了一块长方形的地。

“哈哈，这样的话，就算每天边玩边干，我也能收获很多稻谷。”这么想着，哥哥不禁有些得意忘形。

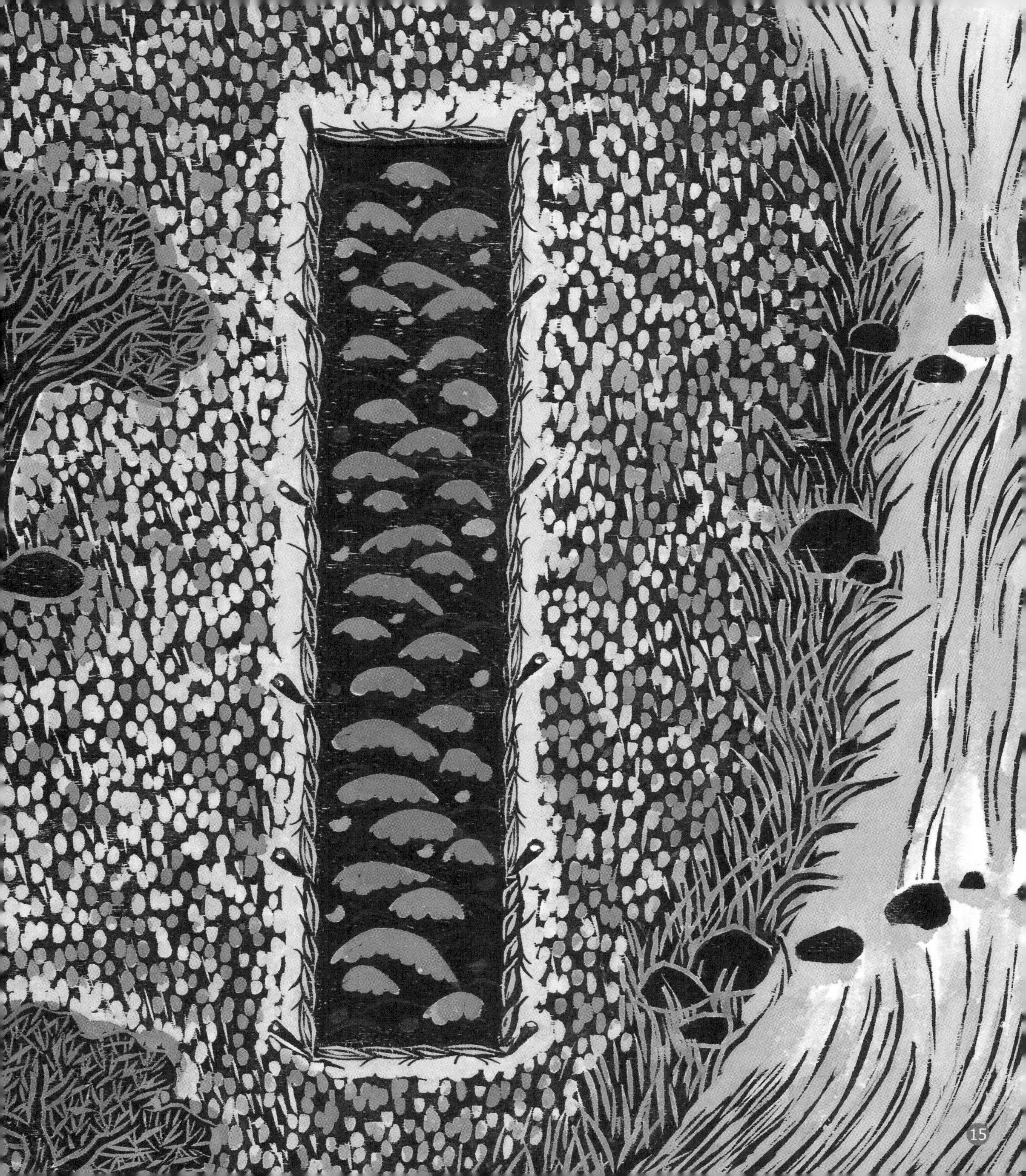

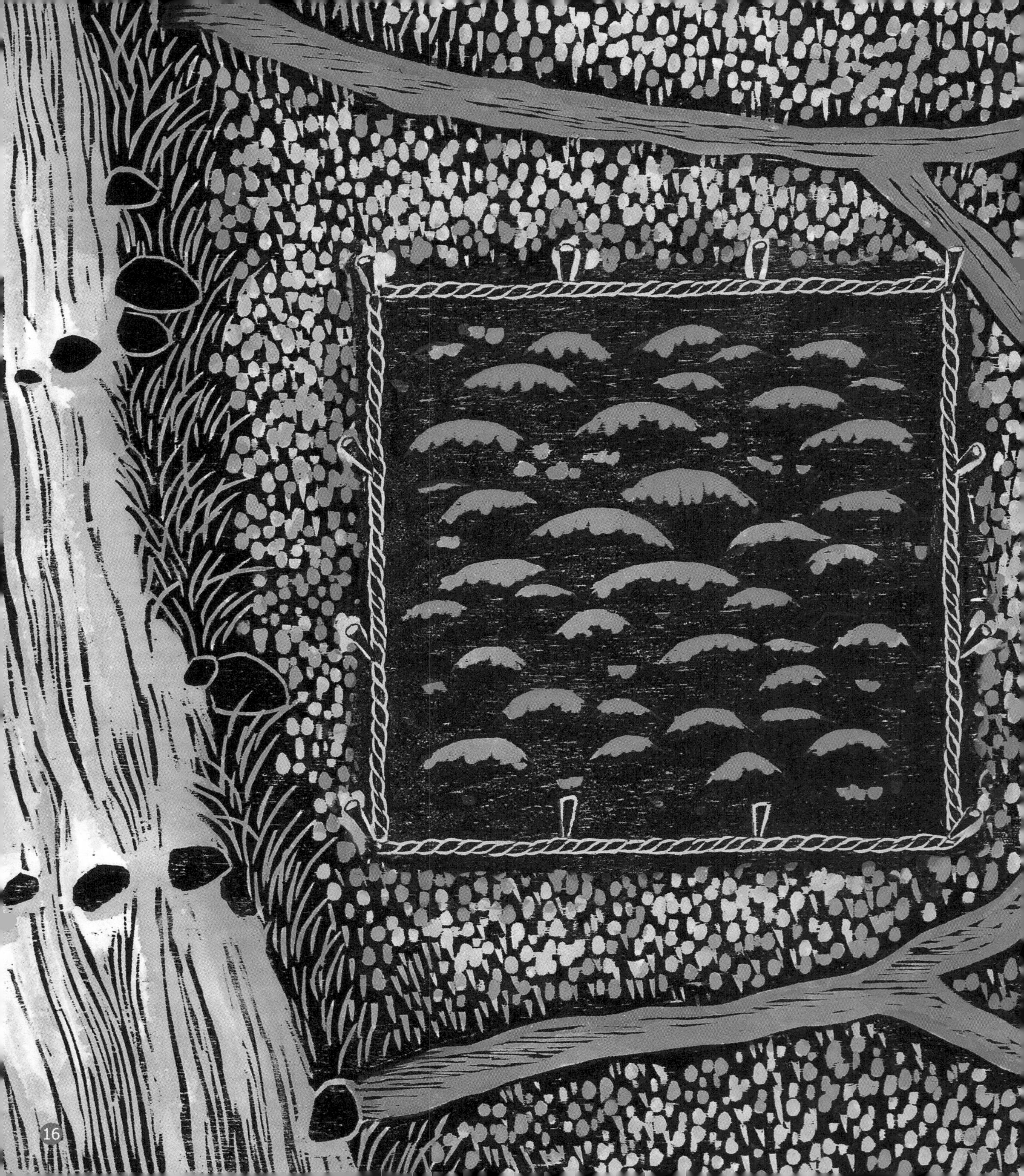

“种地确实需要很多水，看来我得去小溪的另一边了。”

到了小溪的另一侧，弟弟没有立刻圈地，而是认真地琢磨起来。

“通常，土地面积越大种出的粮食就越多，那怎样才能围出更大面积的田地呢？”

弟弟拿着草绳来回地比划，想象着地的模样。

“对了，就这样！”最终，弟弟用草绳围了一块正方形的地。

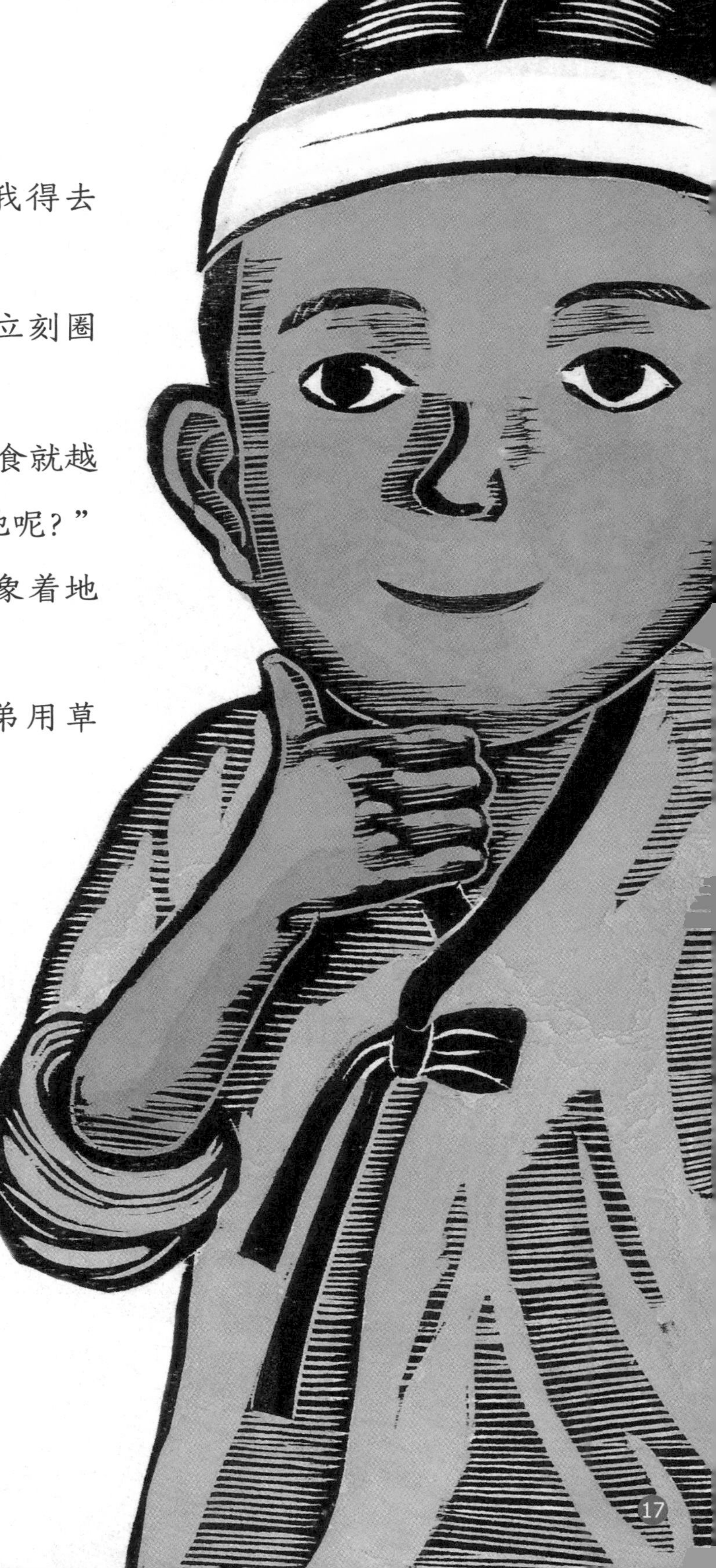

不知不觉，春天走了，烈日炎炎的夏天来了。

这天，一觉睡到大中午的哥哥慢悠悠地来到地里。太阳晒得他额头上的汗珠一颗一颗地往下掉。

“哎哟，热死我啦！这么热的天傻子才干活呢。”哥哥干脆找了一棵大树，躺在树荫下乘起凉来。

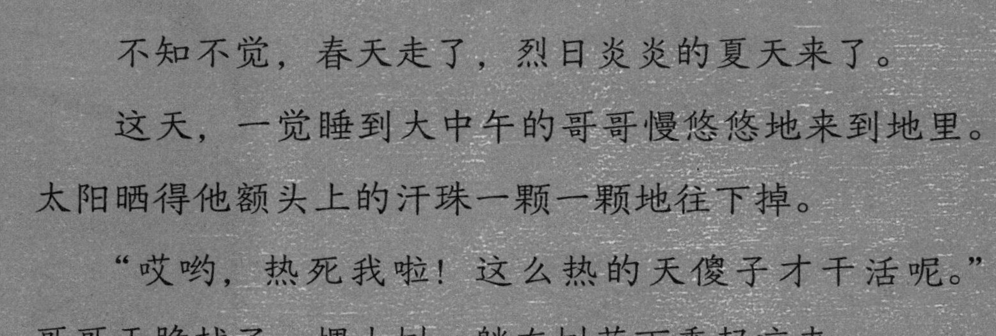

而勤快的弟弟呢，正一边用袖子擦着汗，一边卖力地锄着草。

“天再热，也不能耽误种地啊。多亏了这么好的阳光，禾苗才能长得这么好。”

转眼间秋天到了，整片田地都被染成了金黄色。

哥哥和弟弟开始收获了。他们用镰刀割下金黄的稻子，再用草绳将稻子整整齐齐地捆好堆放起来。

收割完了，老父亲来到田里查看兄弟俩的收成情况。

结果，哥哥田地里的稻捆还没有弟弟的一半多。

“这怎么可能？怎么会差别这么大？！”哥哥揉了揉自己的眼睛，简直不敢相信眼前的一切。

“一分耕耘一分收获，勤劳的人理应收获更多的稻捆。况且，弟弟的田地比你的大得多，当然收成也就更多了。”

听了老父亲的话，哥哥不解地问道：“我们都是用 12 根草绳圈的地，难道弟弟的草绳比我的长吗？”

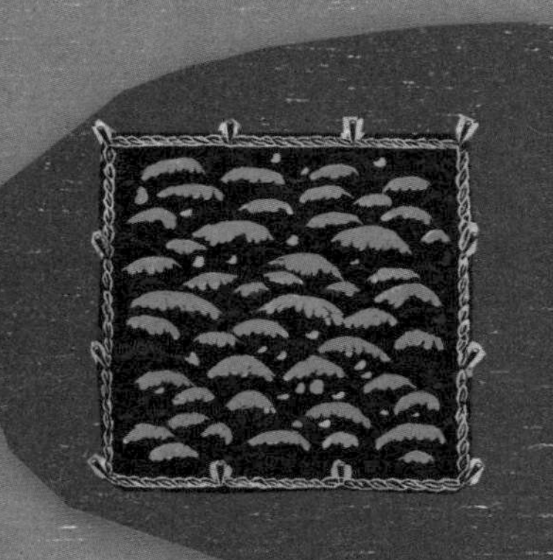

弟弟的田地

横：3 根草绳

竖：3 根草绳

周长：12 根草绳

“把你们圈在地里的草绳取下来摆成一排比一比。”老父亲说。

兄弟俩急忙将草绳取下来整整齐齐地摆放在一起。

结果，哥哥和弟弟的草绳一样长。

“看到了吗，你们俩地的周长是一样的。”

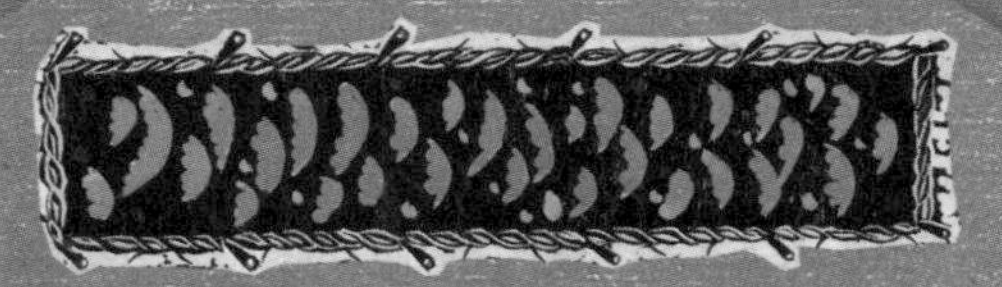

哥哥的田地

横：5根草绳

竖：1根草绳

周长：12根草绳

老父亲收起了笑容，继续说道：“但是，两块地的面积可不一样。”

老父亲让两个儿子到库房里取些相同大小的麻袋过来。

兄弟俩按照吩咐，用手推车装了满满一车麻袋回来。

“现在你们俩用麻袋把这两块田地铺满，不要有缝隙。”

“稻子都已经收割完了，为什么还要铺麻袋呢？”哥哥不解地问。

“我要用麻袋比较下两块地的面积呀。”老父亲回答。

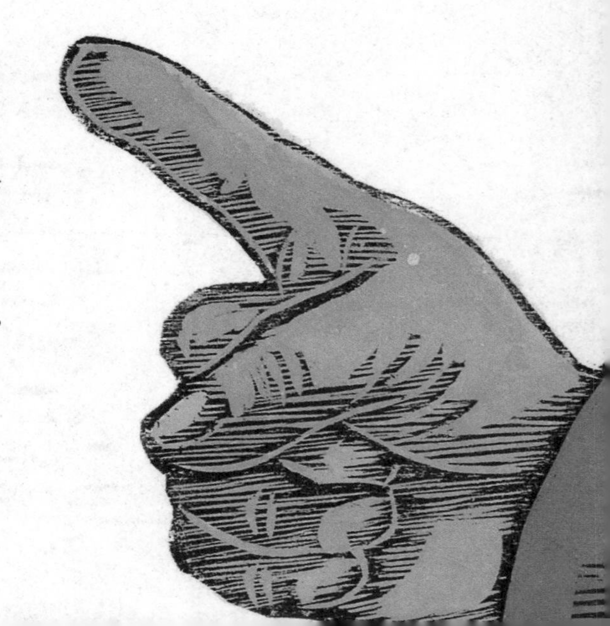

兄弟俩立刻在自己的田地里铺上了一个又一个的麻袋，没留一点儿缝隙。

结果，哥哥的田地里铺了 20 个麻袋。

而弟弟的田地里足足铺了 36 个麻袋。

哥哥来来回回数了好几遍，确确实实是弟弟的地里铺了更多的麻袋。

哥哥的田地

横：10 个麻袋

竖：2 个麻袋

面积：20 个麻袋

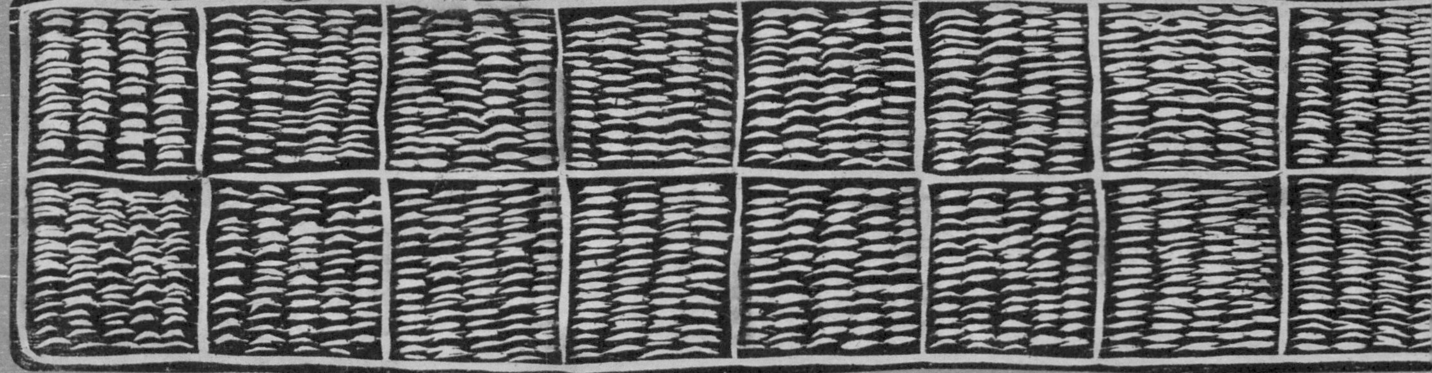

弟弟的田地

横：6 个麻袋

竖：6 个麻袋

面积：36 个麻袋

“哎呀，怎么会这样呢？”哥哥把眼睛瞪得大大的。

“唉，你只图浇水方便，却不考虑面积的问题，直接就在小溪边上圈了一块长方形的田地。”老父亲叹了一口气说道。

站在一边的弟弟接着说：“哥哥，我在圈地之前反复思考了很久，后来想明白了，像我这样围，田地的面积会更大些。”

“我以为尽可能挨着小溪圈地会更轻松一些，我这真是聪明反被聪明误啊……”哥哥不好意思地红着脸说。

看到哥哥羞愧难当的样子，弟弟对老父亲说：“父亲，我想和哥哥一起种地。我一个人种这么大一片田地也种不过来啊！”

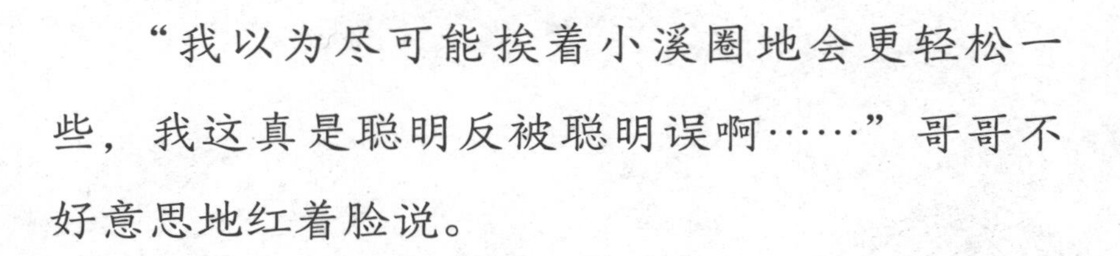

后来怎么样了呢?

懒惰哥哥终于改掉了懒惰的毛病，他和勤快弟弟每天鸡一叫就起床下地干活，也变得勤快了起来。

从那以后，兄弟俩的田地每年都是大丰收，日子也是越过越好。

让我们跟勤快弟弟一起回顾一下前面的故事吧！

现在大家都知道我和哥哥种地的故事了吧？父亲让我们用同样长的草绳圈出各自的田地，哥哥圈了一块长方形的地，而我圈了一块正方形的地。但在用麻袋铺在田地里比较面积的时候，哥哥的田地和我的田地虽然周长一样，面积却不一样。通过父亲的说明，我和哥哥了解了周长和面积原来是两个不同的概念，周长相同但形状不同，面积也可能会不一样。

下面，就让我们详细地了解一下周长和面积的相关知识吧。

数学面对面

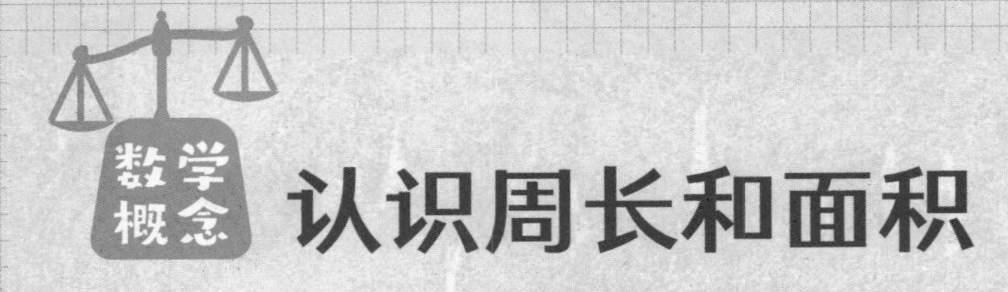

认识周长和面积

这是一个房屋内部结构缩小以后的平面图。下面 3 个房间中哪个房间的周长最长？哪个房间的面积最大？

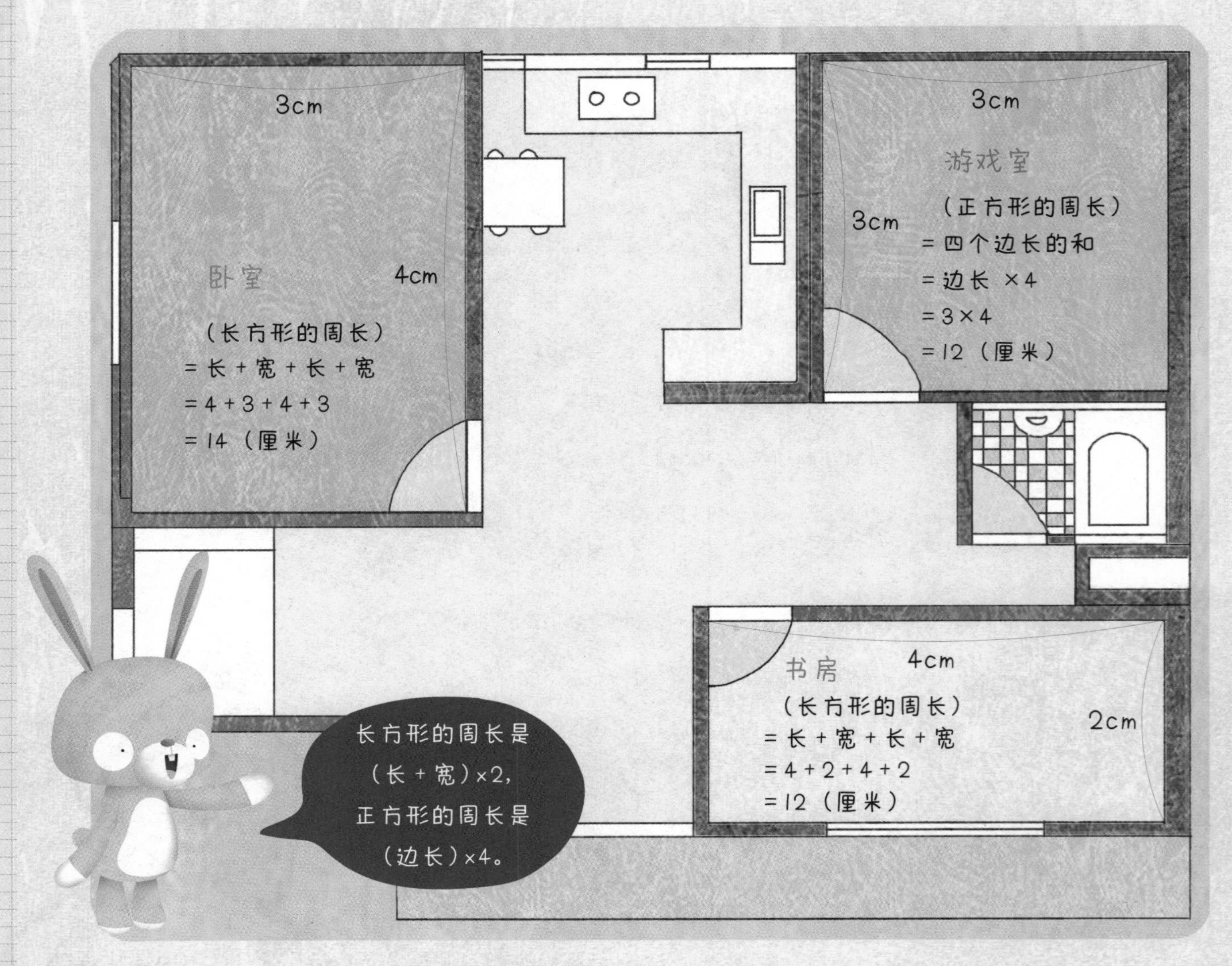

图中卧室和书房是长方形，游戏室是正方形。将四边形的 4 个边长加起来，就可以计算出周长了。经过计算，我们发现卧室的周长最长。

下面我们再来看看房间的面积。用■当作单位面积，就可以计算出房间的面积。如果用■来铺满整个房间，那么铺着■个数最多的房间，其面积也最大。

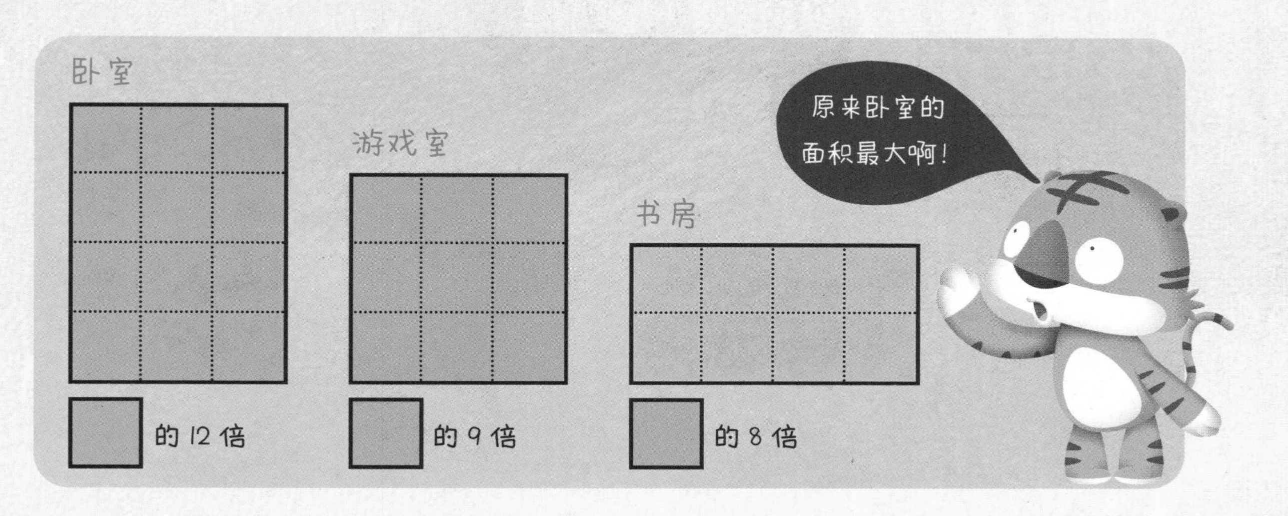

表示图形面积的时候，我们用边长 1cm 的正方形作为单位面积。一个正方形的面积是 1cm^2，读作“1 平方厘米”。

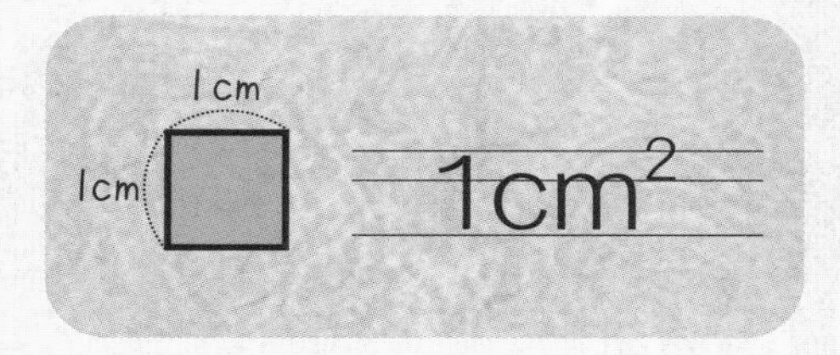

现在我们来了解一下，通过单位面积来计算长方形和正方形面积的方法。

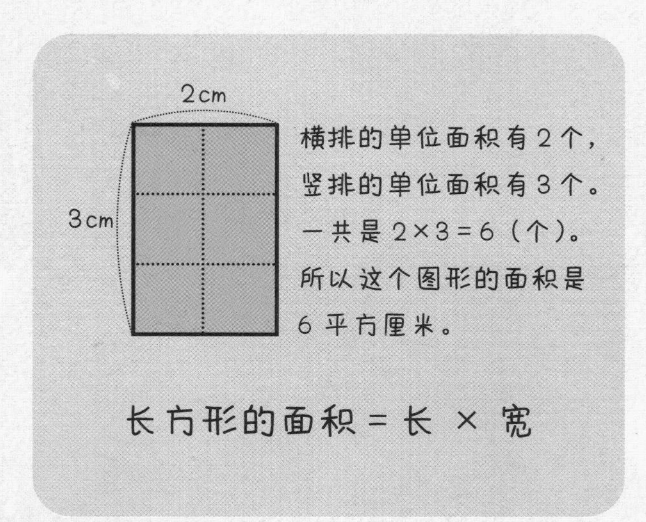

横排的单位面积有 2 个，竖排的单位面积有 3 个。一共是 $2\times3=6$（个）。所以这个图形的面积是 6 平方厘米。

长方形的面积 = 长 × 宽

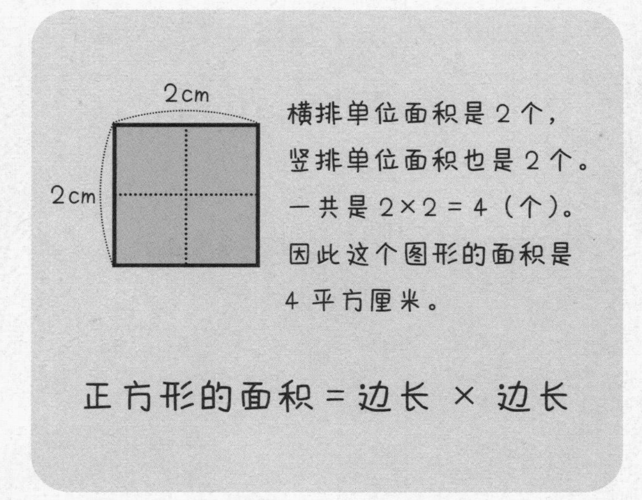

横排单位面积是 2 个，竖排单位面积也是 2 个。一共是 $2\times2=4$（个）。因此这个图形的面积是 4 平方厘米。

正方形的面积 = 边长 × 边长

接下来，我们通过单位面积来学习一下其他图形的面积计算方法。首先来算算平行四边形的面积吧。

平行四边形的底和高变成了长方形的长和宽。长的单位面积是 5 个，宽的单位面积是 4 个。共有 $5\times4=20$（个），面积就是 20 平方厘米，相当于平行四边形底和高的乘积。

平行四边形的面积 = 底 × 高

那么三角形的面积是如何计算的呢?

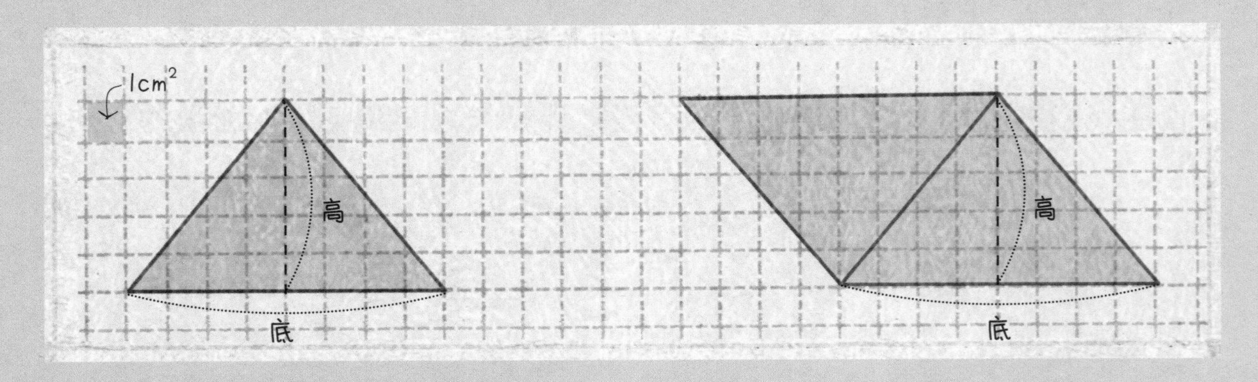

两个全等三角形放在一起，就组成了一个平行四边形。因此可以说三角形的面积就是两个全等三角形组成的平行四边形面积的一半。右边平行四边形的面积是底 × 高，也就是 $8\times5=40$（平方厘米）。因此三角形的面积就是 $40\div2=20$（平方厘米）。

三角形的面积 = 底 × 高 ÷ 2

遇到比较复杂的图形，可以分成几个部分来计算面积，比如把下面的图形分成两个部分来计算面积。

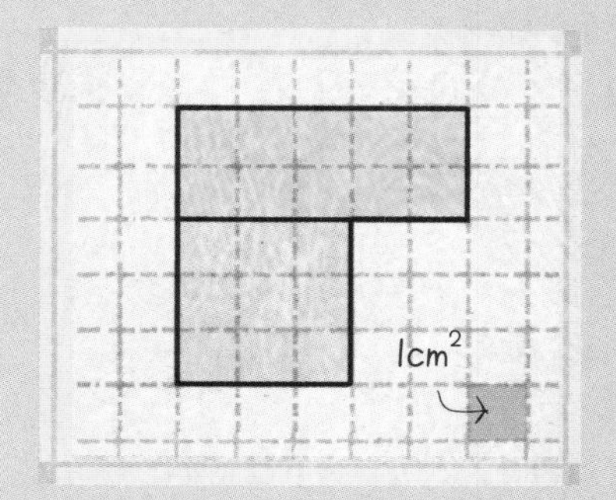

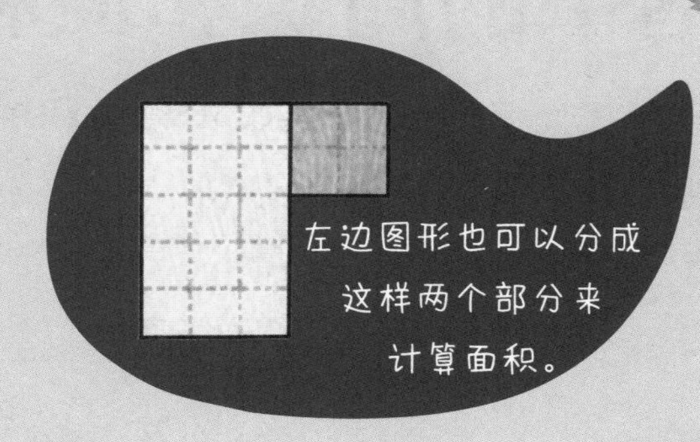

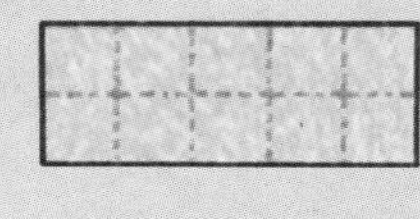

粉红色长方形的面积
=长 × 宽
=5×2
=10（平方厘米）

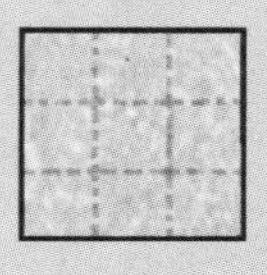

天蓝色正方形的面积
=边长 × 边长
=3×3
=9（平方厘米）

整个图形的面积=粉红色长方形的面积+天蓝色正方形的面积
=10+9=19（平方厘米）

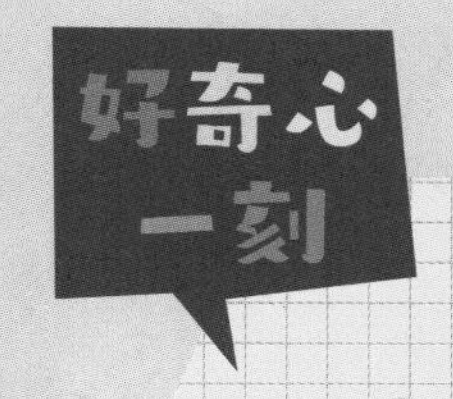

比平方厘米更大的面积单位是什么？

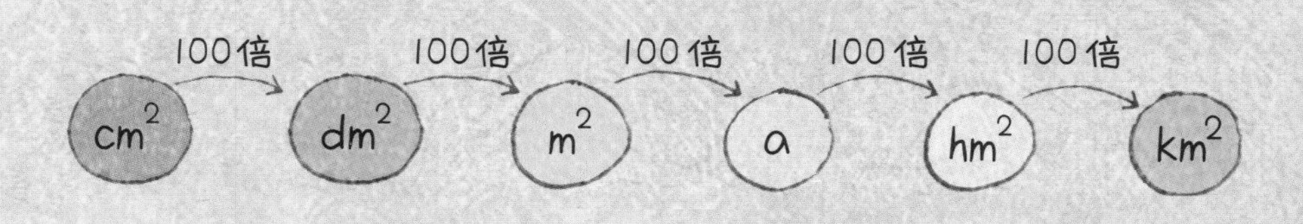

和长度单位一样，面积的单位也有很多种。边长是1dm的正方形的面积是1dm²，读作“1平方分米”；边长是1m的正方形面积是1m²，读作“1平方米”；边长1km的正方形面积是1km²，读作“1平方千米”。由于1m²和1km²之间的差距太大，因此中间还有公亩（a）和公顷（hm²）这样的单位。1公亩是边长为10m的正方形的面积，1公顷是边长100m的正方形的面积。

生活中的周长和面积

前面我们已经了解了计算图形周长和面积的方法，下面再来看看在我们的生活中都有哪些地方用到了周长和面积。

社会

人口密度

人口密度指的是单位面积土地上的人口数量。通常使用的单位面积是 1 平方千米，人口密度越大，单位面积内的人口数量越多；人口密度越小，单位面积内的人口数量越少。在中国，东部沿海地区人口密度大，西部内陆地区人口密度小。

地理

平原

平原是指广阔平坦的区域。这样的区域主要出现在大江大河的下游地带。大江大河把从上游搬运来的沙子和泥土堆积在下游，形成了广阔的平原。中国的平原主要集中在长江、黄河、珠江、松花江等河流的中下游。东北平原是中国面积最大的平原，约 35 万平方千米。平原地区由于便于农业发展，因此很早以前就有人们聚集在那里居住。

历史

万里长城

万里长城是中国古代为了抵御外族入侵而建造的城墙。万里长城可不止万里，2012年6月，国家文物局历经近5年的调查，认定中国历代长城总长度为21196.18千米。1987年，联合国教科文组织将规模宏大的万里长城列为世界文化遗产。

游戏

七巧板

七巧板也称“七巧图”，是一种古老的中国传统智力玩具。因设计科学，构思巧妙，变化无穷，能启发儿童智慧，所以深受欢迎。传到国外后风行世界，号称“唐图”，意即“中国的图板”。

顾名思义，七巧板是由7块板组成的，包括5块三角形（2块小型三角形、1块中型三角形和2块大型三角形）、1块正方形和1块平行四边形，合在一起是一个正方形，分开后又可以拼成上千种图形。而其中的设计原理就是中国古代的“出入相补”——一个几何图形被切割成多个图形，或多个几何图形任意拼合，其总面积维持不变。

圈出自己的田地

村里的人们用草绳将自己的地圈起来。请沿黑色实线剪下最下方的草绳，贴在田地周围相应的位置上，以补全每块地的周长。最后把周长最长的田地圈出来。

帮忙分点心

趣味小游戏2

老父亲把周长 24 厘米的四边形点心给了哥哥，把周长 20 厘米的四边形点心给了弟弟。请在最下方找到符合条件的点心，沿黑色实线剪下来后按说明将点心粘贴在相应的篮子里。

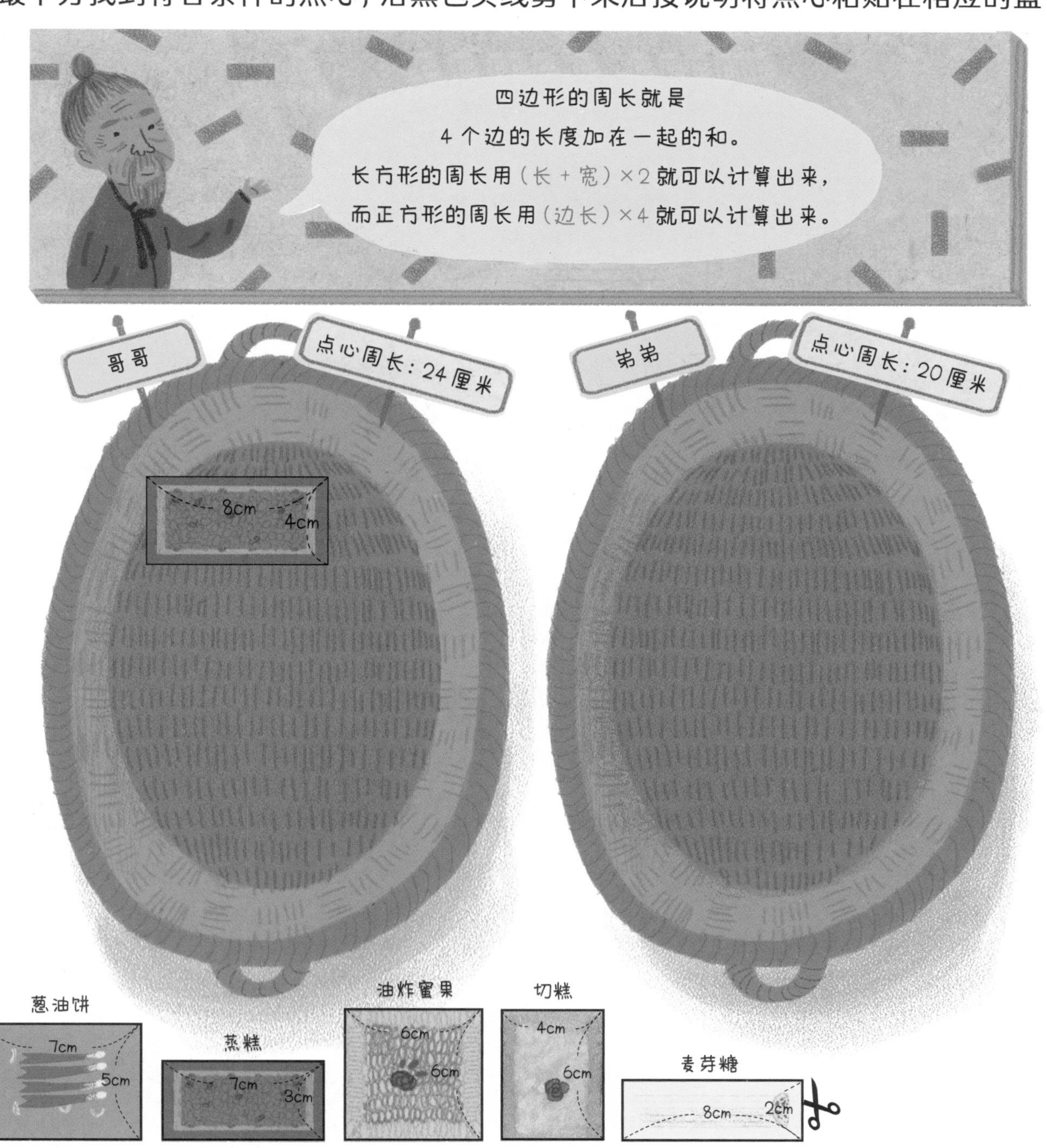

编凉席比赛

村子里举办了一场编凉席比赛。观察大家编好的凉席，根据周长和一边的边长，计算出凉席另一边的边长，填入□里。

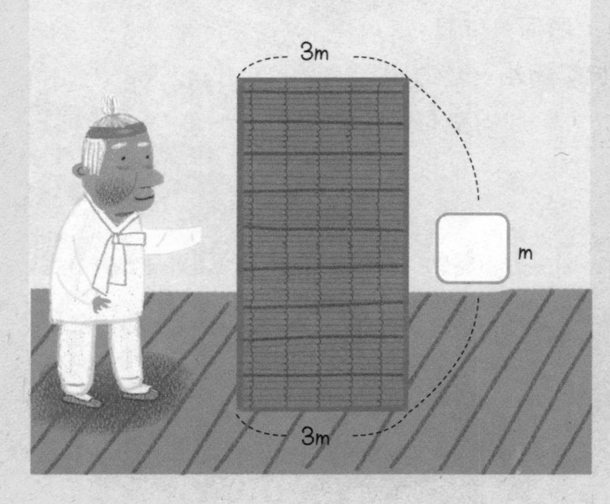

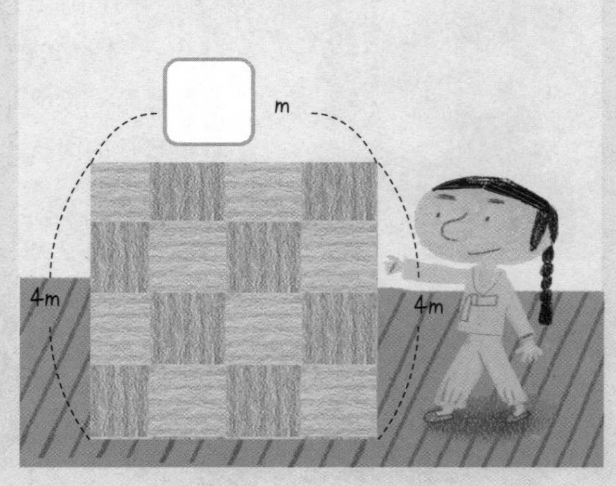

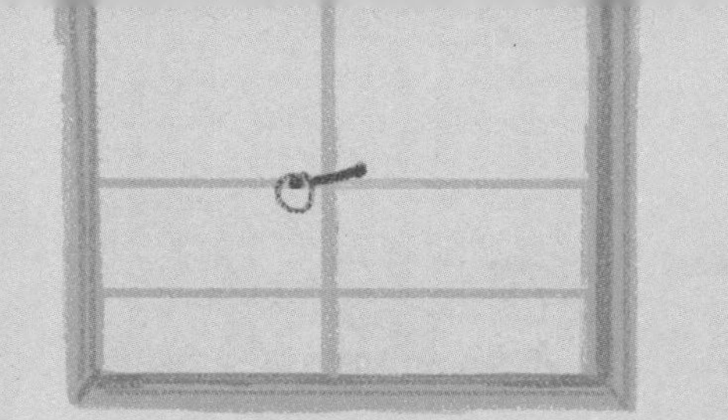

装饰墙壁

哥哥和弟弟想要装饰一下父亲房间的墙壁。根据兄弟俩说的话，从最下方找出面积合适的窗户和柜子的贴画，沿黑色实线剪下来后贴在墙壁上。

趣味小游戏5 哪张宣纸的面积更大

孩子们想在宣纸上画画，一个小正方形的面积是1平方厘米，在□里填上正确的数字，再圈出宣纸面积更大的那个孩子吧。

木板的周长和面积

趣味小游戏6

弟弟在仓库里发现了3块木板。请按图中的路线走下去，在相应的 ☐ 里写出对应木板的周长和面积。

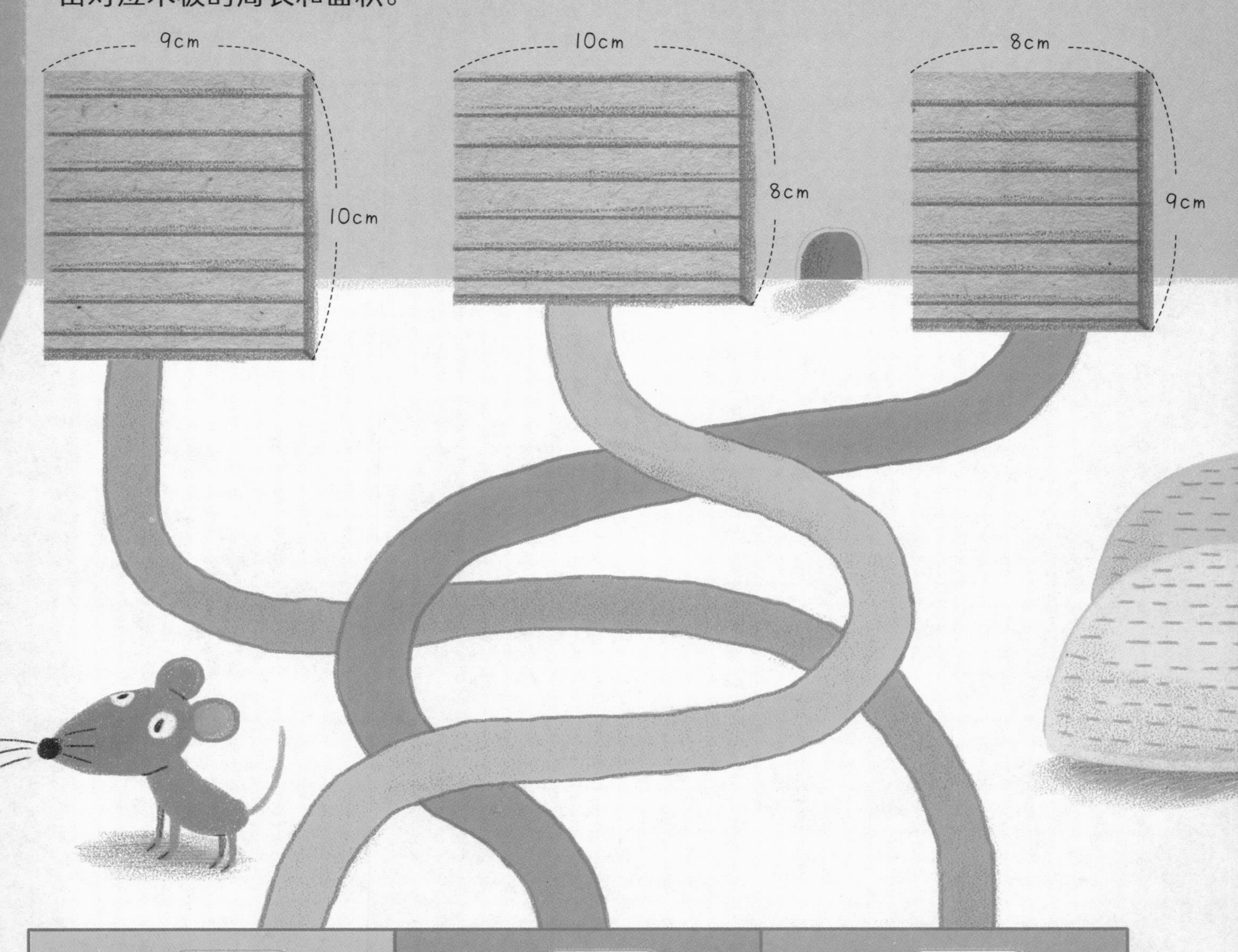

周长：☐厘米	周长：☐厘米	周长：☐厘米
面积：☐平方厘米	面积：☐平方厘米	面积：☐平方厘米

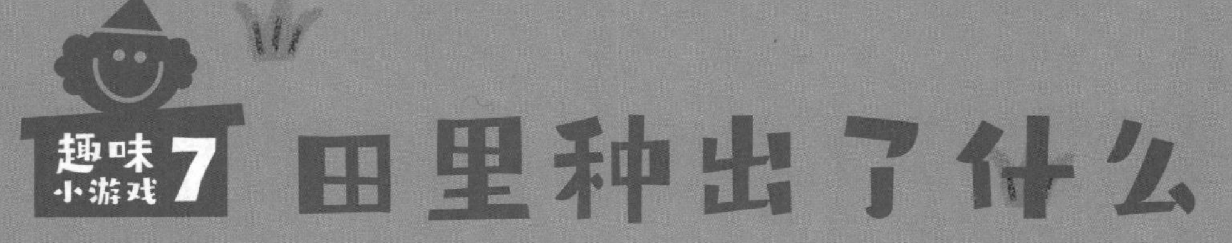

春天，有位村民在下面三块田地里播撒了种子，可他现在怎么也记不清每块田地分别种的什么。请根据下面的文字说明将作物和相应的田地连起来。

阿狸和小粉想要计算花圃的面积。读完下面阿虎的计算说明，请你帮助小兔试着用其他的方法计算出花圃的面积，并把算法补充完整。

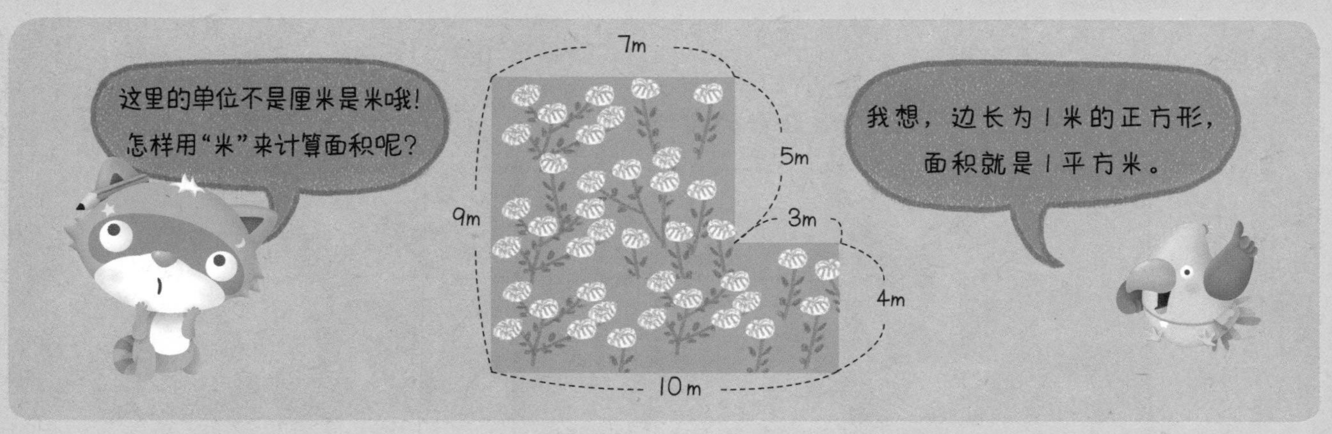

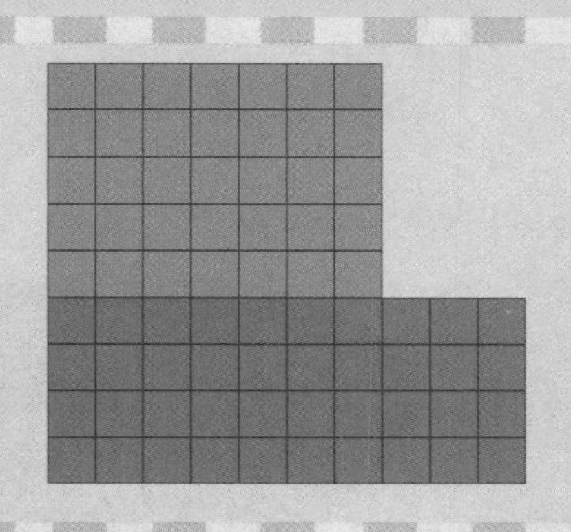

我先用横线把花圃分成两个部分，在上面分别贴上蓝色和红色的边长为1米的瓷砖。我数了数，蓝色的瓷砖有35片，红色的瓷砖有40片，一共有75片瓷砖。每片瓷砖面积是1平方米，因此花圃的面积就是75平方米。

我先用一条竖线把花圃分成两个部分，然后在上面分别贴上了边长为1米的两种不同颜色的正方形瓷砖。现在，绿色的瓷砖有63片，黄色的瓷砖有

____

____

____

参考答案

40~41 页

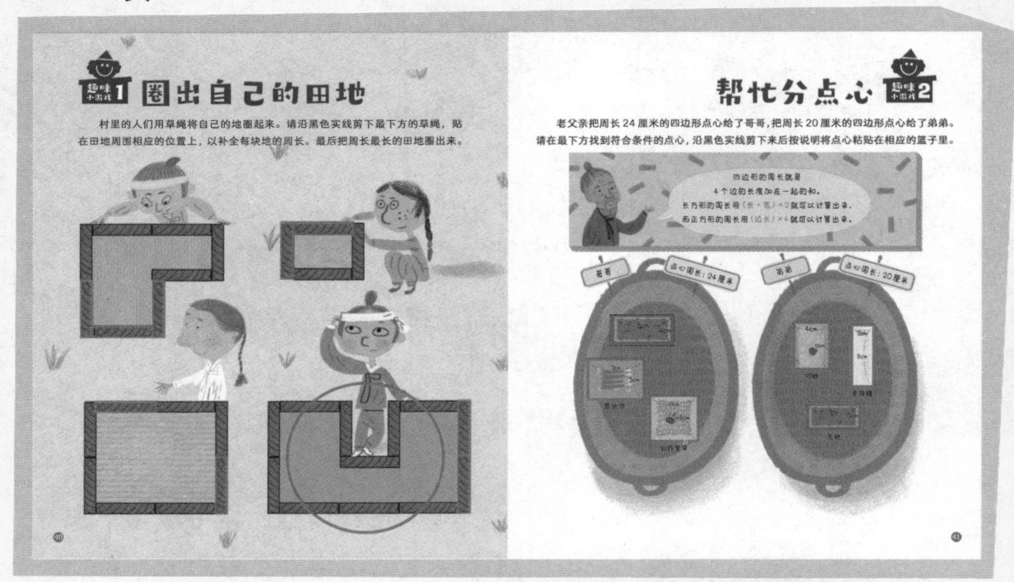

趣味小游戏1 圈出自己的田地

村里的人们用草绳将自己的地圈起来。请沿黑色实线剪下最下方的草绳，贴在田地周围相应的位置上，以补全每块地的周长。最后把周长最长的田地圈出来。

帮忙分点心 趣味小游戏2

老父亲把周长 24 厘米的四边形点心给了哥哥，把周长 20 厘米的四边形点心给了弟弟。请在最下方找到符合条件的点心，沿黑色实线剪下来后按说明将点心粘贴在相应的篮子里。

42~43 页

趣味小游戏3 编凉席比赛

村子里举办了一场编凉席比赛。观察大家编好的凉席，根据周长和一边的边长，计算出凉席另一边的边长，填入 里。

装饰墙壁 趣味小游戏4

哥哥和弟弟想要装饰一下父亲房间的墙壁。根据兄弟俩说的话，从最下方找出面积合适的窗户和柜子的贴画，沿黑色实线剪下来后贴在墙壁上。